MAKEUP
HAIRSTYLE
IN THE
WEDDING

Bride Makeup & Hairstyle Technique

新娘 实用妆发技术详解

小敏 编著

人民邮电出版社

北 京

图书在版编目（CIP）数据

新娘实用妆发技术详解 / 小敏编著. -- 北京 ： 人
民邮电出版社，2017.7
ISBN 978-7-115-45596-3

Ⅰ．①新… Ⅱ．①小… Ⅲ．①女性－化妆②女性－发
型－设计 Ⅳ．①TS974.1②TS974.21

中国版本图书馆CIP数据核字(2017)第105358号

内 容 提 要

本书是以新娘结婚当天的妆发为主题的实用教程，作者希望通过本书为准备成为新娘化妆造型师或正在从事这个行业的朋友提供一份参考。作为新娘化妆造型的专业书，本书紧跟时尚潮流，以新娘核心需求为导向，从新娘跟妆的基础知识讲起，内容由浅入深，循序渐进，主要包括新娘妆容解析、新娘造型技法、短发新娘造型、白纱新娘造型、西式礼服新娘造型和中式礼服新娘造型 6 个部分。

本书将理论与实践相结合，通过精美的图片、清晰的步骤和翔实的文字向读者展示了新娘化妆造型的基础知识、操作方法和创作思路，即使是零基础的读者也能很快掌握。书中还穿插了欣赏大图，可作为新娘试妆时的参考。另外，本书附带教学视频，能让读者更直观地了解实际操作过程，并且轻松掌握新娘妆发的打造方法。

本书适合婚礼跟妆师、新娘化妆造型师使用，同时也能作为新娘的试妆参考书。

♦ 编 著 小 敏
    责任编辑 赵 迟
    责任印制 陈 犇

♦ 人民邮电出版社出版发行   北京市丰台区成寿寺路 11 号
    邮编 100164   电子邮件 315@ptpress.com.cn
    网址 http://www.ptpress.com.cn
    北京盛通印刷股份有限公司印刷

♦ 开本：889×1194 1/16
    印张：16.5
    字数：656 千字   2017 年 7 月第 1 版
    印数：1－2 800 册   2017 年 7 月北京第 1 次印刷

定价：118.00 元
读者服务热线：(010)81055410 印装质量热线：(010)81055316
反盗版热线：(010)81055315
广告经营许可证：京东工商广登字 20170147 号

前言

　　对于写书这件事，我一直抱着谨慎的态度，这是一件需要花时间打磨和沉淀的事情，它急不得。而能在一个恰当的时机，选择对的工作伙伴，在自己的风格成熟后出版本书，是一种运气。

　　本书是一本关于新娘结婚当天妆发的实用教程。为什么会写这本书呢？原因很简单，我最先接触的领域是新娘跟妆，发现现在新人对婚礼的精致化与个性化的要求越来越高，这也意味着化妆造型师对化妆造型技术的提升势在必行。新娘婚礼化妆造型与新娘婚纱摄影化妆造型有很大的不同，婚礼当天，新娘端庄完美的形象关系到整个婚礼的气氛，所以造型师应该把握住当日新娘妆发的重点，将新娘最美的状态呈现在宾客面前。新娘妆发的重点在于简约、自然且持久，同时必须要大方得体。在操作时，每一个步骤都应该仔细。

　　一个符合大众审美的新娘妆发并不是肆意发挥的结果，能够适当地体现新娘的个性，符合新娘的内在气质，并从外表上为其加分的新娘妆发，是最受认可的。这种"因地制宜"的化妆要领，需要化妆造型师具备扎实的基本功，并拥有运用自如的能力。所以在本书中，我会着重强调一些基本手法的掌握和运用，能以基础技巧变化出想要的不同妆感，就已经向成功迈进了一大步！

　　今年是我从事化妆行业第11年，有很多心得和感悟想要表达，很荣幸能借本书与大家分享我对新娘妆发的认识与见解。书中的每个造型都经过精心设计，并配有详细的文字说明。希望本书可以让大家有领悟和提升，并将学到的技能运用到实际工作当中。

　　一本书需要一个团队的共同努力才能完成。在此，我非常感谢艾尔文视觉的摄影师苏白、耳朵、舒礼文、陈颖、海波陪我一起完成了前期拍摄工作，感谢艾尔文视觉的后期师巧通、李玲、茹玉、自强的帮助与大力支持。

资源下载说明

本书附带11个教学视频，可以使读者更好地学习造型手法。扫描"资源下载"二维码，关注我们的微信公众号，即可获得下载方式。资源下载过程中如有疑问，可通过以下方式与我们联系。在学习的过程中，如果遇到问题，也欢迎您与我们交流，我们将竭诚为您服务。

客服邮箱：press@iread360.com

客服电话：028-69182687、028-69182657

资源下载
扫 描 二 维 码
下载本书配套资源

目录

1

BRIDE MAKEUP
新娘妆容解析

本章主要学习内容

⊙ 特殊眼形调整技法　　　⊙ 清新温婉韩系新娘妆　　　⊙ 经典复古欧式新娘妆

⊙ 自然纯净裸妆　　　　　⊙ 甜美可爱日系新娘妆　　　⊙ 传统精致中式新娘妆

⊙ 明星气质精致新娘妆

新娘妆容学习要点

每一位新娘都有自己的喜好，作为新娘的化妆造型师，首先要做到的是让完成的妆容得到新娘的认可。在尊重新娘意见的前提下，还应根据自己的专业知识给出建设性的意见，这非常有必要。新娘妆容的风格有很多种，但是每种风格在不同场合所要把握的重点也有所不同。为新娘化妆需要考虑到所有来宾的审美，所以结婚当天的新娘妆容应该突出自然、伏贴的感觉。皮肤的通透性是新娘妆的重点，它能呈现新娘当日的良好气色，所以底妆必须薄、透、亮。眼影的用色应以大地色系、金色、粉色等暖色系为佳，眼线要流畅干净，睫毛要清爽分明。腮红应淡淡晕染，呈现宛若害羞的红晕，最大限度地展现新娘的美丽。

特殊眼形调整技法

　　所谓调整眼形，就是调整眼睛的外围轮廓，以及解决双眼不对称的问题。单眼皮、内双眼皮、假双眼皮都是常见的特殊眼形，调整眼形的最终目的就是让眼睛更有神采，两眼对称，但不宜刻意追求大而忽略自然。所以，调整眼形应该以自然为前提，可以通过双眼皮胶水、美目贴及假睫毛来改变原本不佳的眼形。眼形的调整尤为重要，也是化妆师必须要掌握的化妆技巧之一。

● 单眼皮及假双眼皮的眼形调整（有视频▶）

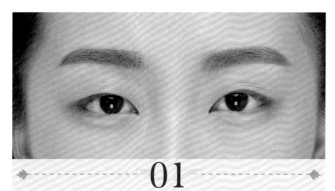

01

模特两只眼睛的形状是不一样的，一只是单眼皮，另一只是假双眼皮。

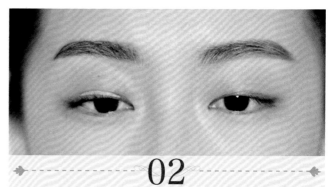

02

先来调整单眼皮。由于内双的宽度非常窄，所以先要剪一条细细的月牙形美目贴，粘贴在睫毛根部。

03

用睫毛夹将睫毛夹翘。

04

将睫毛膏从睫毛根部刷起，可以起到支撑睫毛的作用。

05

把一整排假睫毛剪成一段一段的，这样做可以更好地调整眼形。

06

将假睫毛靠近真睫毛根部粘贴。

07

调整好假睫毛所需要的卷翘度。

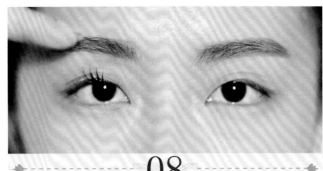

08

假睫毛要一段压着一段粘贴，让假睫毛有根根分明的效果。

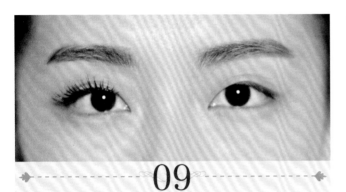

09

粘贴好假睫毛后，对比另一只眼睛，如果还是有大小眼的问题，可以再次进行调整。

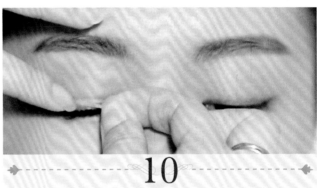

10

双眼皮褶皱若是太窄，可以再剪一条月牙形的美目贴，粘贴在之前的美目贴之上。

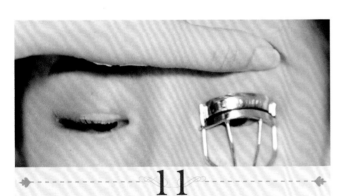

11

接下来调整假双眼皮，用睫毛夹将睫毛夹翘。

12

将睫毛膏重点刷在睫毛的根部，起到支撑的作用。

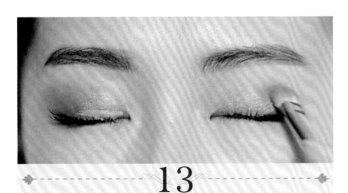

13

一般假外双的眼睛不需要粘贴美目贴，靠假睫毛就可以撑起来，所以可以直接刷上眼影。同时为另一只眼睛也刷上眼影。

14

采用同样的方法将假睫毛粘贴好。

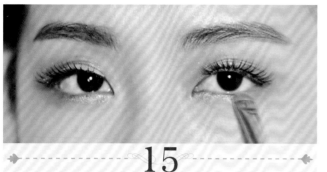

15

用眼影刷刷出两只眼睛的下眼影。刷完下眼影后，发现内双的那只眼睛美目贴露了出来，所以需要再次对它进行调整。

16

遇到这种情况时只需要用眼线笔在露出的美目贴上画上一条眼线即可，需要注意把握眼线的宽度。

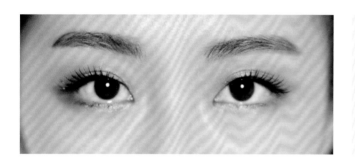

17

两只眼睛调整出来的眼形很难做到一模一样，但两只眼睛的大小必须接近。

● 内双眼形及眉毛调整（有视频 ▶）

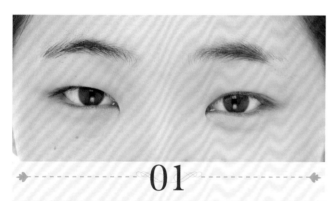

01

模特的眼睛是上眼睑比较厚的内双眼形，眼头内包。调整的重点是对双眼皮宽度的把握。

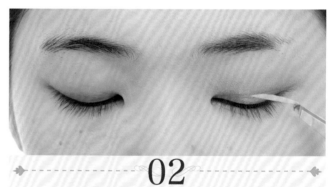

02

剪一条细细的月牙形美目贴，粘贴在内双眼皮褶皱处。调整内双眼形的关键是把上眼睑撑开，从而露出眼神光。

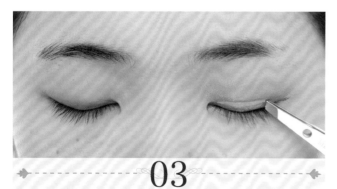

03

位置可以尽量靠近眼头，要压在褶皱处。

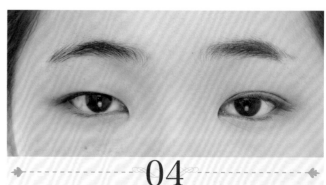

04

撑出较宽的双眼皮。如果想让眼睛更大，还可以再加美目贴。

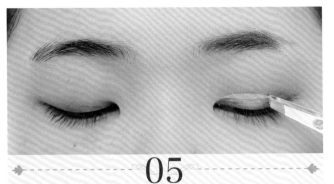

05

再剪一条细的美目贴，压在之前的美目贴上方边缘。

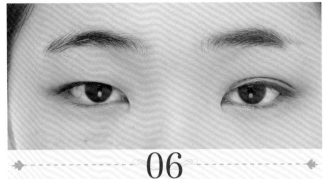

06

由于眼皮比较厚，若还想让双眼皮更宽些，就要等到处理完假睫毛后再进行调整。

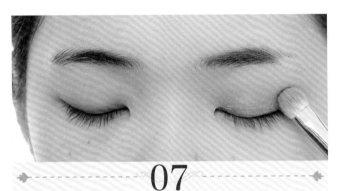

07

眼睑厚肿的眼睛可选用大地色系的眼影进行晕染。

08

用手向上提拉眼睑，用眼线膏填满睫毛根部。

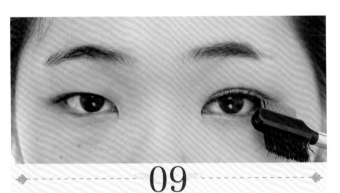

09

刷完睫毛膏后用睫毛梳梳开粘在一起的睫毛。

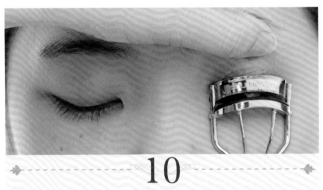

10

将睫毛夹翘。这种眼形的睫毛可分为前、中、后三段来夹翘。

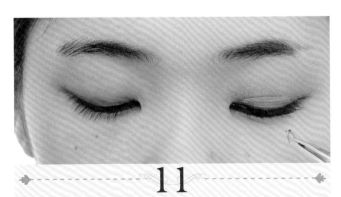

11

用较长、较黑的假睫毛分小段进行粘贴。注意，与以往不同的是，眼头要选用较长的假睫毛。

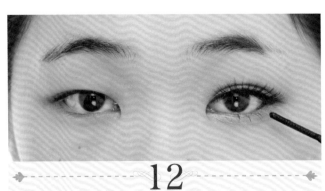

12

用睫毛膏刷出下睫毛。

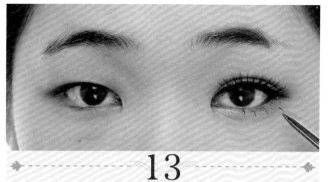

13

选择与真睫毛相似的假下睫毛对空缺的地方进行填补。

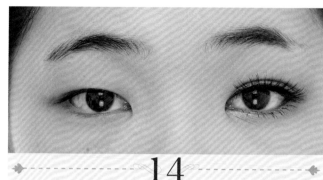

14

若想让眼睛更大，双眼皮更宽，就可以在此时再次进行调整。

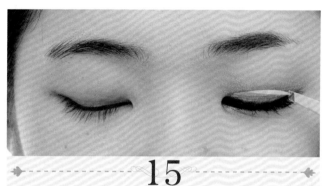

15

美目贴不可剪得过宽，应贴于靠近眼头的位置，以更好地支撑起较肿的眼皮。

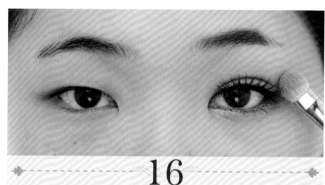

16

用眼影刷晕染上眼影，遮盖美目贴。

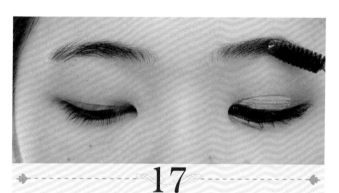

17

用螺旋刷梳顺杂乱的眉毛。

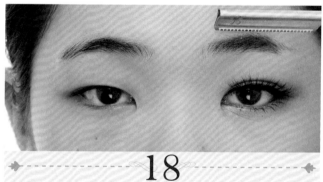

18

用修眉刀修去杂乱眉毛，修出干净的眉形。

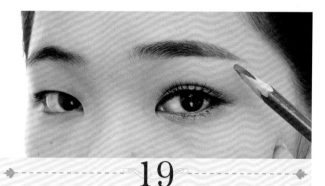

19

选择与眉色相接近的眉笔，顺着眉毛的生长方向一根一根地勾勒出漂亮的眉形。

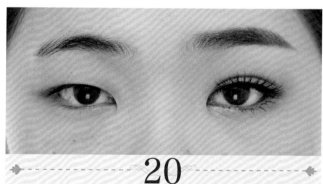

20

眼形和眉毛调整完成。可以看一下调整前和调整后的对比效果。

清新温婉韩系新娘妆

韩式妆容给人的感觉是白净、透亮，眼神温柔，很有亲和力。所以，妆容要求底妆白透，立体感强，眼线黑长，眉毛自然松散，可以不扫腮红，或者淡淡晕染。

化妆品

1 RMK丝薄粉底（201#）
2 MAKE UP FOR EVER遮瑕霜
3 Kesalan Patharan双色遮瑕膏
4 shu uemura定妆散粉
5 KOSE visee眼影系列（A3）
6 BOBBI BROWN眼线膏（黑色）
7 shu uemura睫毛夹
8 CLARINS睫毛定型液
9 小雨假睫毛
10 月儿公主假下睫毛
11 MAC染眉膏（金亚麻色）
12 shu uemura眉笔（07#）
13 Armani唇釉（504#）
14 NARS腮红（orgasm）
15 MAC魅可柔光炫彩饼（18#）

01

用Kesalan Patharan双色遮瑕膏修饰黑眼圈。在黑眼圈不严重的情况下可用黄色；倘若黑眼圈严重，颜色偏青的话，就需要使用橙色校正。

02

遮瑕膏要涂在黑眼圈颜色最深的位置。

03

模特肤色较白，粉底妆可以选用RMK色号最白的丝薄粉底进行修饰。

04

对额头、鼻梁、鼻翼、嘴角、下巴、眼下三角区进行大面积提亮。

05

提亮时一定要注意自然过渡，不可出现分界线。

06

用少量定妆粉逆着毛孔的方向定妆。

07

用带有微珠光的腮红以打圈的方式淡淡地扫在颧骨上。

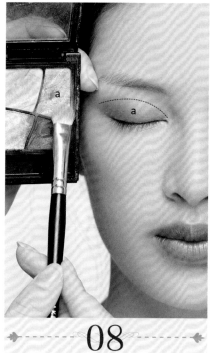

08

将带有微珠光的眼影用平铺的手法晕染在上眼睑上。

09

用同样的眼影扫在下眼睑上。

10

用眼线膏从中部开始向眼尾描画眼线，拉长眼形。

11

模特睫毛较短，所以只需要夹翘睫毛根部即可。

12

用睫毛定型液对睫毛进行定型。

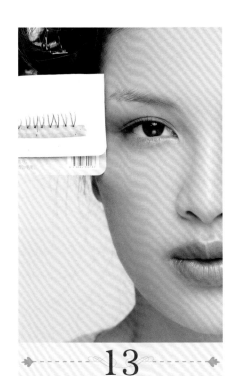

13

将一整排假睫毛剪成一段一段的，这样做是为了使粘贴后的效果更加自然。

14

在眼头粘贴较短的假睫毛，向眼尾逐渐加长，令眼形更加细长妩媚。

15

在下睫毛非常稀少的情况下，应选择颜色较淡、较短的假下睫毛进行粘贴。

16

根据发色选用浅棕色的眉笔，按照原有的眉形画线条补色。

17

用染眉膏逆着眉毛的方向刷染，令眉色统一。

18

用西瓜红色唇釉描画出流畅的唇形。

19

在颧骨下陷处扫上暗影，增加面部立体感。

经典复古欧式新娘妆

欧式复古妆容是根据欧洲人的面部特征塑造的妆容，它的特点是立体感强烈，眼窝深邃，眉形高挑，唇形饱满性感。

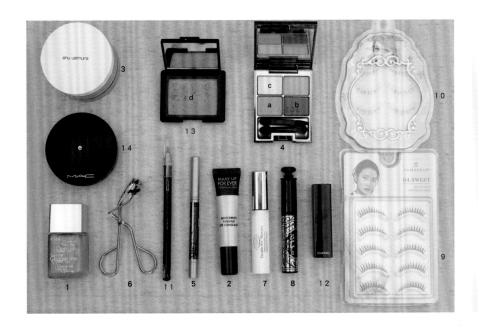

化妆品介绍

1. RMK丝薄粉底液
2. MAKE UP FOR EVER遮瑕霜（5#）
3. shu uemura亚光蜜粉
4. LUNASOL光透美肌眼影（01#）
5. MJ恋爱魔镜新魔法之露眼线液笔
6. shu uemura睫毛夹
7. CLARINS睫毛定型液
8. MJ恋爱魔镜睫毛膏（纤长型）
9. 小雨假睫毛
10. ceamanv假下睫毛
11. 亨丝拉线眉笔（黑色）
12. CHANEL丝绒口红（99#）
13. NARS腮红（orgasm）
14. MAC魅可柔光炫彩饼（18#）

01

选择与模特肤色相近或比模特肤色偏白一号的粉底，均匀地点在面颊上。

02

用粉底刷顺着毛孔的方向均匀地打粉底。

03

在眼下三角区进行提亮。

04

继续对额头、鼻梁、下巴区域进行提亮，然后用shu uemura亚光蜜粉进行定妆。

05

用睫毛夹分三段将睫毛夹翘。

06

先用睫毛定型液刷第一遍，待定型液干后再刷上睫毛膏。

07

在上眼睑处先晕染微珠光的浅咖啡色的眼影。

08

在上眼睑睫毛根部和眼尾处用深咖啡色眼影进行晕染，制造深邃感。

09

在上眼睑的眼球位置用微珠光的淡黄色眼影进行提亮，增加立体感。

10

在下眼睑使用两种颜色的眼影突出眼型轮廓。

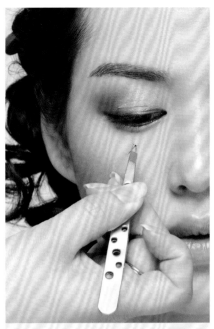

11

选择前短后长且较浓黑的假睫毛，将其剪成小段。

12

将假睫毛粘贴于真睫毛根部，使真假睫毛自然重合。

13

用睫毛膏轻刷下睫毛后，再用假下睫毛填补睫毛空缺处。

14

用眼线液笔沿着睫毛根部勾勒出流畅自然的上扬眼线。

15

模特本身眉毛较黑，所以选用黑色拉线眉笔，画出上挑的欧式眉形。

16

用提亮液在眉弓处进行提亮，增加立体感。

17

腮红要斜打在颧弓下陷位置的上方。然后在颧骨下方扫上暗影，并与腮红相衔接，令面部更加立体。

18

用唇刷勾画出饱满流畅的唇形。

19

鼻侧影上端与眉头衔接，下端可延伸至鼻尖两侧并逐渐变淡。鼻侧影可以使鼻子看起来窄而挺。

20

用小号眼影刷蘸取微珠光的淡黄色眼影，在眼头位置进行提亮，使眼妆更加干净明亮。

自然纯净裸妆

裸妆给人一种自然纯净的感觉，虽然精心修饰，却看不出化妆的痕迹。裸妆对皮肤的要求特别高，所以妆前对皮肤的护理很重要，一定要进行保湿补水，这样打出的底妆才能通透。

化妆品介绍

1. RMK丝薄粉底液（102#）
2. MAKE UP FOR EVER遮瑕霜（5#）
3. benefit蒲公英腮红
4. LUNASOL光透美肌眼影（5#）
5. BOBBI BROWN眼线膏（黑色）
6. shu uemura睫毛夹
7. CLARINS睫毛定型液
8. MJ恋爱魔镜睫毛膏（纤长型）
9. 亨丝拉线眉笔
10. Armami唇釉（500#）

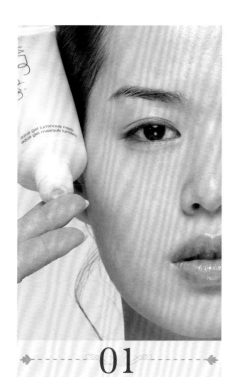

01

用瞬效补水免洗面膜对肌肤进行滋润保湿。这款面膜能对干性皮肤起到迅速滋润的作用。

02

模特的眼睛可以不贴美目贴。但是若想让双眼皮更宽，眼睛更大些，也可以进行适当的调整。

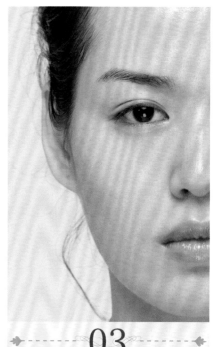

03

因为要打造裸妆，需要呈现自然状态，所以双眼皮不可过宽。

04

将接近皮肤颜色的粉底均匀点在面部。

05

用粉底刷将面部的粉底轻轻地拍打开来，令皮肤通透有光泽。

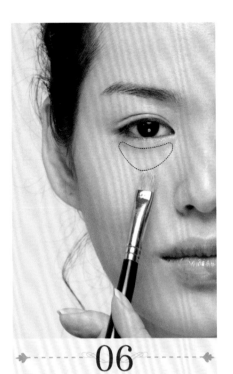

06

用MAKE UP FOR EVER遮瑕霜提亮眼下的区域。

07

继续对额头、鼻梁和下巴进行提亮，使面部更加立体。

08

眼影颜色的选择以大地色系的暖色系为佳，用平涂的手法晕染在上眼睑虚线区域内。

09

将眼线膏用画点的方式填满睫毛根部的空隙，增加眼神光，不用刻意画出一条明显的眼线。

10

下眼睑用相同色系的眼影进行晕染，制造出卧蚕。

11

用睫毛夹将睫毛根部、中部、末梢三段分别夹翘。

12

薄薄地刷上睫毛定型液。

13

用清爽纤长的睫毛膏刷出根根分明的睫毛。

14

用螺旋刷将眉毛上的粉底刷干净。

15

选择与眉毛颜色接近的眉笔，一根一根地勾画眉毛，填补眉毛中间的空缺部分。

16

用接近唇色的唇釉从唇中间向两边涂抹，不刻意打造唇边缘。

17

在颧骨上方纵向扫上淡淡的腮红，彰显红润的气色。

甜美可爱日系新娘妆

　　日系妆会给人一种清纯可爱的感觉，所以粉底一定要薄，就算有一些小斑点也不必刻意去遮盖。妆容重点在于眼睛和眉毛。眼妆中，眼影可以略重，假睫毛可以选择浓密的型号，令眼睛大而明亮。眉毛颜色一定要淡，不要刻意描画，自然松散会更显年轻。

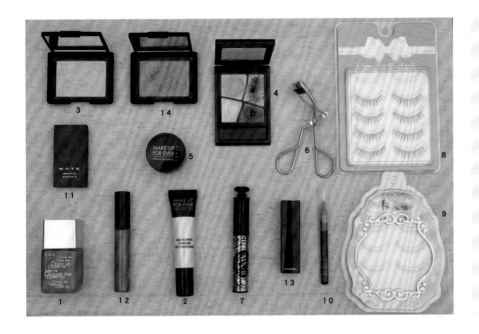

化妆品介绍

1. RMK丝薄粉底液（101#）
2. MAKE UP FOR EVER遮瑕霜（5#）
3. NARS腮红（Reckiess）
4. KOSE visee眼影系列（A3）
5. MAKE UP FOR EVER眼线膏（黑色）
6. shu uemura睫毛夹
7. MJ恋爱魔镜睫毛膏（纤长型）
8. YUKINA假睫毛
9. ceamanv假下睫毛
10. shu uemura眉笔（7#）
11. KATE眉影粉
12. MAC染眉膏（金亚麻色）
13. CHANEL丝绒口红（42#）
14. NARS腮红（orgasm）

01

用螺旋刷梳顺杂乱的眉毛。

02

用修眉刀修出自然的平粗眉形。

03

选用接近皮肤颜色或者比肤色白一号的粉底，均匀地点在面颊上。

04

用粉底刷均匀地把粉底拍开。

05

用泡过水的海绵扑轻轻拍压面部，令粉底与皮肤贴合得更好且更加通透。

06

在眼下、眼窝、眉骨、嘴角、下巴、T区部位进行提亮。

07

用少量定妆粉逆着毛孔的方向定妆。

08

将美目贴剪成月牙形，美目贴的宽度应根据所要达到的双眼皮宽度确定。

09

双眼皮的褶皱以自然流畅为佳。

10

用微珠光的金色系眼影晕染在上眼睑处。

11

为了使眼睛更大、更有神，可以在上眼睑靠近睫毛根部的位置用深咖啡色眼影向上晕染。晕染范围不可过大。

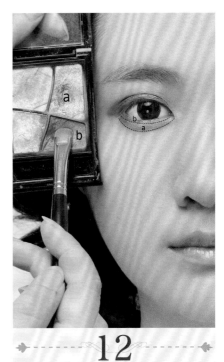

12

下眼睑也用这两种色系的眼影进行晕染，能起到放大眼睛的效果。

13

用眼线膏在睫毛根部的位置画出一条自然流畅的眼线。

14

在等眼线干的时间，可以先用染眉膏把眉毛染淡。

15

将睫毛从根部分两段夹翘。

16

用睫毛梳将粘在一起的睫毛梳开，使睫毛根根分明。

17

假睫毛可以选择纤长浓密的型号，分段进行粘贴。

18

假下睫毛可以以两三根为单位剪成一簇簇，分段粘贴。

19

上下假睫毛纤长浓密，有放大眼睛的效果。

20

用浅咖啡色眉笔填补眉毛的空缺部分，不用刻意描画。

21

用眉影粉轻扫眉头的位置，与鼻侧影自然过渡衔接。

22

腮红以椭圆形横向涂抹。

23

面颊凸起的位置为涂抹腮红的着重点，轻轻向边缘晕染。

24

选择与腮红同色系的口红，为唇部营造自然水润感。

传统精致中式新娘妆

中式妆容相对比较传统，所以应该以中国传统审美为前提，颜色应选用金色、粉色、红色、大地色系。中式妆容的眉形可以是柳叶细眉，也可以是新娘本身的自然眉形，不建议选择一字形的短粗眉。唇形的轮廓可以清晰勾画，色泽要饱满。

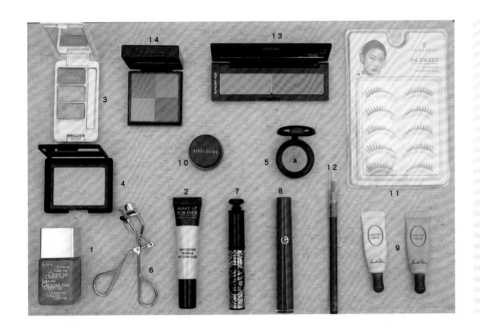

化妆品介绍

1. RMK 丝薄粉底（101#）
2. MAKE UP FOR EVER遮瑕膏
3. ipsa三色遮瑕膏
4. NARS腮红（Reckless）
5. MAC眼影（Tempeing）
6. shu uemura睫毛夹
7. MJ恋爱魔镜睫毛膏（纤长型）
8. Armani丝绒唇釉（500#）
9. Kesalan Patharan双色遮瑕
10. BOBBI BROWN 眼线膏（黑色）
11. 小雨假睫毛
12. shu uemura眉笔（02#）
13. shu uemura腮红（365#，375#）
14. Givenchy幻影四宫格腮红（25#）

01

通过观察发现，模特的眉毛是文过的，双眼皮偏窄，有黑眼圈。

02

双眼皮的宽度应该是适中的，所以美目贴不宜剪得太宽。

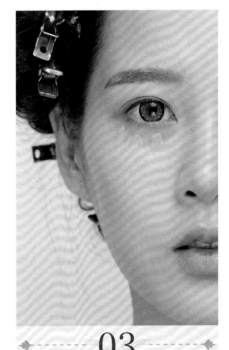

03

用橙色的遮瑕膏对黑眼圈进行矫正。

04

选用和肤色相近或比肤色偏白一号的
粉底，对面部进行修饰。

05

对眼下区域、T区、下巴处用高光进行
提亮。

06

用拍压的手法打粉底。

07

用少量定妆粉轻扫面部，对底妆进行
固定。

08

选择大地色系的眼影，对上眼睑进行
晕染。

09

下眼睑也扫上相同色系的眼影。

10

用黑色眼线膏勾勒出自然流畅的眼线，眼尾可拉长些。

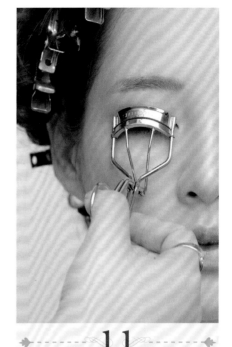

11

在模特自身睫毛不是特别长的情况下，只需要夹翘根部即可。

12

假睫毛是整排粘贴的，会有拉长眼形的效果。

13

假睫毛的位置可以根据眼线的长度来确定。

14

用睫毛膏刷出根根分明的、清爽的下睫毛。

15

因为模特的眉毛是文过的，所以需要用遮瑕膏遮盖眉毛原本的颜色。

16

用黑灰色眉笔画出自然的眉形。

17

用大红色唇釉勾勒出清晰的唇形，令唇形饱满。

18

在颧骨偏上的位置晕染粉色腮红，然后用带有微珠光的NARS浅色腮红轻扫于面部，增加皮肤的光泽度。

明星气质精致新娘妆

明星气质精致新娘妆应根据新娘本身的特点打造，重点突出新娘的自然美和独特的气质。

化妆品介绍

1 RMK丝薄粉底液（101#）
2 MAKE UP FOR EVER遮瑕霜（5#）
3 Guerlain幻彩流星粉球
4 VISEE四色眼影（A3#）
5 BOBBI BROWN眼线膏（黑色）
6 shu uemura睫毛夹
7 CLARINS睫毛定型液
8 MJ恋爱魔镜睫毛膏（纤长型）
9 MAC染眉膏（金亚麻色）
10 shu uemura 眉笔（6#）
11 淳子假睫毛（元媛款）
12 KATE眉粉
13 NARS口红（julierre）
14 benefit蒲公英粉
15 Givenchy幻影四宫格腮红（25#）

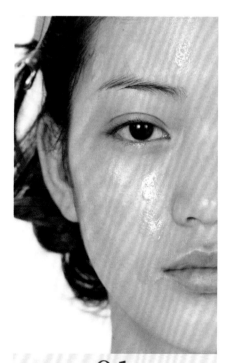

01

选择与模特肤色接近或比模特肤色白一号的粉底，顺着毛孔的方向均匀地打粉底。

02

粉底要薄，使用粉底刷以拍压的手法打粉底。这样打出来的粉底会比较扎实和通透。

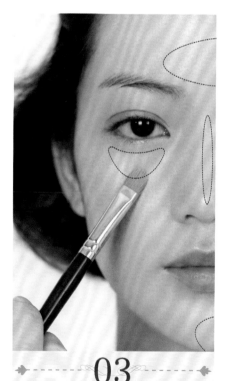

03

对T区、眼下位置及下巴位置进行提亮。

04

选用带有珠光的粉球进行定妆，以增加皮肤的光泽度。

05

采用渐层的手法对上眼睑进行晕染。先扫上较浅的淡黄色眼影。

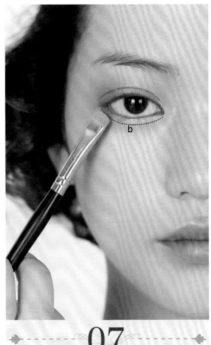

06

用同色系略深的金黄色眼影在上眼睑叠加晕染。

07

下眼睑也用相同的眼影进行晕染。

08

用眼线膏填补睫毛之间的空隙，让眼睛更有神。

09

模特睫毛较长，可以分三段夹翘。

10

在睫毛根部刷上少量睫毛定型液，可以持久支撑睫毛。

11

将一簇一簇的假睫毛粘贴在真睫毛较稀少的位置，与真睫毛自然贴合在一起。

12

将下睫毛刷出根根分明的效果，不需要粘贴假睫毛。

13

用染眉膏逆着眉毛刷上与发色相近的颜色。

14

用眉笔填补眉毛空缺的部分，勾勒出自然流畅的眉形。

15

将腮红纵向斜扫在颧骨上，增加红润的色泽。

16

暗影要与腮红相融，自然过渡。

17

用橙色口红从唇中间向两侧晕染，不刻意勾画出唇边缘。

18

妆面完成后，可以再扫一层带有微珠光的流星粉球，提亮肤色。

2

BRIDE HAIRSTYLE

新娘造型技法

本章主要学习内容

- ⊙ 包发技法
- ⊙ 编发技法
- ⊙ 抽丝技法
- ⊙ 卷筒技法
- ⊙ 拧绳技法
- ⊙ 手推波技法

新娘妆容学习要点

合适的发型可以提升新娘的气质，不合适的发型则会适得其反。掌握好造型的基本技法是打造各种造型的前提，任何一种造型的完成都离不开扎实的基本功。练习每个技法时要注意观察发型的线条感，掌握对内外轮廓的控制以及对手法轻重的把控。台上一分钟，台下十年功，出色的新娘化妆造型师都是通过长期的刻苦练习和经验积累练就而成的。希望大家通过对本章的学习，掌握好基本技法，设计出更多更好的造型作品。

包发技法

包发造型的表面要光滑。包发有单包、双包和左右交叉包几种形式，这里着重讲最常用的交叉包发技法。包发时，每层发片应紧密有序，以包发技法操作呈现出光滑流畅的线条感。

● 包发技法1（有视频 ▶）

01

将头发先分成前、后两个区。

02

将后区的头发分为上、下两个区。

03

将下区的头发向左提拉并梳顺。

04

将提拉并梳顺的头发向内拧转，注意手法要紧。

05

将拧转好的发包下发卡固定，形成一个中心点。

06

把顶区的头发再分成左、中、右三个区，然后将中间区域的头发进行倒梳。

07

将倒梳好的头发向后梳拢，并梳顺表面头发。

08

拧出一个发包，注意观察发包的形状及饱满度。

09

将做好的发包固定在中心点上。

10

将发尾用单卷的手法收到中心点上并固定。

11

将上区左右两侧剩余的头发分别进行倒梳。

12

将倒梳后的头发交错固定在中心点位置，注意头发之间的衔接。

13

将前区左侧的头发进行倒梳。

14

将头发表面梳顺后，向中心点的下方衔接固定。

15

用单卷的手法收好发尾的部分。

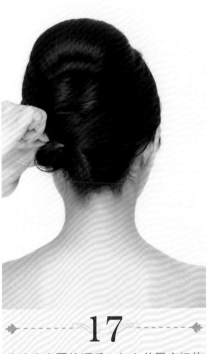

16

将前区右侧的头发进行倒梳。

17

将头发表面梳顺后，与之前固定好的头发衔接固定。

18

完成效果展示。

● 包发技法2（有视频 ▶）

01

用22号电卷棒从头发最底层往上以内卷的手法烫卷。

02

将柔亮胶倒于掌心，用双手均匀搓开。

03

将掌心的柔亮胶均匀地抹在头发上，抚平碎发，令头发有光泽。

04

从顶区取一束头发，作为中心点。

05

将顶区的头发分为两股。

06

将两股头发拧成一个发包，调整好发包的高度后下发卡固定，形成第一个固定点。

07

将右侧的头发以耳上方为基准分成前、后两个区，然后将分出的后区头发向左侧包发并固定，形成第二个固定点。

08

再将右侧前区的头发向后拧转，下发卡固定在第一个固定点的下方。

09

取左侧区的头发。

10

将左侧区的头发于右侧前区的头发固定的位置，形成第三个固定点，下发卡固定。

11

喷发胶定型。

12

将左侧区固定后剩余的头发梳顺，然后下发卡固定在第三个固定点。

13

将底部剩余的头发向内梳顺。

14

将底部的头发用鸭嘴夹固定成想要的形状。

15

喷发胶定型。

01

将头发分成左、右两个侧区和整个后区。

02

将后区的头发扎成一条低马尾。

03

用尖尾梳向内梳顺发尾。

04

将两侧的头发拉出一个漂亮的弧形。

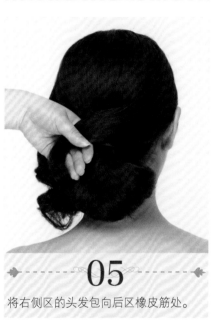

05

将右侧区的头发包向后区橡皮筋处。

06

用发卡将头发在橡皮筋左侧固定。

07

将左侧区的头发向后梳顺。

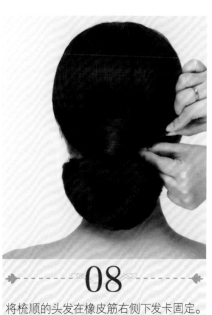

08

将梳顺的头发在橡皮筋右侧下发卡固定。

09

将之前做好的弧形马尾用发卡固定好。

编发技法

　　编发分为很多种，有三股反编、三股正编、四股编、鱼骨编等。这里将讲解最常用的三加一反编和三加二正编技法。编发不仅能给人年轻的感觉，还能增加造型的层次感和线条感。编发的重点是每股头发要分均匀，这样编出来的辫子才会紧实好看。手法的松紧是根据发量和要达到的造型效果来决定的：发量多者可以稍紧；发量少者可以略松；要想让辫子更宽，可以一边编一边拉松辫子。

● 三加一反编（有视频 ▶）

01

将右前区的头发分为三股，然后将右边头发从中间头发的下面穿过，压在左边头发的上面。

02

将左边头发压在中间头发的上面。

03

继续从发际线处分出头发，添加到三股反编中。

04

用同样的方法把前区的头发加进发辫中。

05

一直编到后区左下方的位置。

06

下发卡固定好第一条发辫。

07

将左前区的头发也按三加一反编的手法向后编发。

08

采用同样的手法将左侧的头发全都编进第二条发辫中。

09

将第二条发辫编到第一条发辫的下方并固定好，注意衔接。最后用发蜡棒收好碎发，让发型更加干净利落。

● 三加二正编

01
用尖尾梳以Z字形将头发分为左、右两区。

02
从刘海区左侧均匀地分出三股头发。

03
采用三股正编的技法编出第一节辫子后，在右侧取一缕头发，加进发辫中。

04
编至左侧时也要加进左侧的一缕头发，采用三加二正编的技法继续编发。

05
编至后发际线时改为三股正编，并拉松辫子。

06
从刘海区右侧开始三加二正编，注意两侧起编的位置要对称。

07
添加的每缕头发的发量要均等。

08
编至后发际线时改为三股正编，并拉松辫子。

09
将编好的两条辫子用皮筋结合在一起，然后抽松头发。

抽丝技法（有视频 ▶）

抽丝的目的是让造型蓬松灵动、有层次。抽丝应抽出条状发丝，抽出发丝的长短看似自然随意，其实是要根据造型的轮廓来决定的。抽丝切忌抽出毛糙感！

01
在顶部分出一个圆形区域。

02
将分出的头发用橡皮筋扎成一条松马尾。

03
用手在皮筋与发根的中间拉开一个洞，把马尾向上塞进发洞里。

04
用一只手拉住橡皮筋下方的头发，用另一只手将顶区的头发拉松，抽丝。

05
将顶区的头发全部拉松，增加饱满度。

06

将两侧区的头发拉向中间，扎成第二条松马尾。

07

将马尾向上翻，从发根处拉出整条马尾。

08

用手将马尾拉紧。

09

用一只手捏紧橡皮筋处，用另一只手拉松左右两侧的头发，拉出的发丝与顶区的发丝应蓬松度一致。

10

依次类推，一直操作到发尾。

11

大致效果形成后再次进行抽丝调整，使整个造型更加有层次。

卷筒技法

卷筒技法通常用于法式盘发，要求卷筒表面光滑，几个卷筒要大小一致，摆放的位置错落有致。

01
将所有头发扎一条低马尾。

02
取一片头发，用发蜡棒抹平碎发。

03
将头发向上翻卷，固定出第一个卷筒。

04
将剩余的头发向下翻卷，形成第二个卷筒，下发卡固定。

05
取第二片头发，向上翻卷，固定出这片头发的第一个卷筒。

06
将第二片头发剩余的部分也向上翻卷，与之前的卷筒衔接好，下发卡固定。

07

取第三片头发，向上翻卷，摆在适当的位置，下发卡固定。

08

将第三片头发剩余的部分也向上翻卷，衔接在第二片头发的第一个卷筒处。

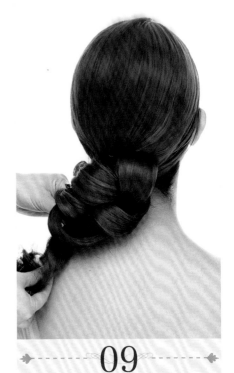

09

将最后一片头发向上翻卷，固定在第二片头发的第二个卷筒处。

10

将剩余的发尾向上翻卷。

11

将最后一个卷筒下发卡固定在第一片头发的第一个卷筒处。

12

每一个卷筒的摆放位置都应该紧凑，整个造型要流畅。

拧绳技法

　　拧绳需要分出两缕头发，可以是上下两缕，也可以是左右两缕，主要根据造型的需求决定。拧绳手法应松紧有度，以便于之后拉松，调整造型。

● 拧绳技法1（有视频 ▶）

01
从左侧区取一片头发。

02
将发片分成两股，进行交叉拧绳。

03
将拧好的头发下发卡固定在后区。

04
在右侧取发片，然后用同样的手法拧绳，下发卡固定在第一股拧绳下方。

05
在右侧刘海区取一片头发，然后用拧绳手法处理，固定在上一股拧绳下方。

06
左侧用同样的拧绳手法处理，然后固定在上一股拧绳下方，将发尾固定在右侧。

07

采用同样的手法从左侧拧出头发并固定，然后喷发胶定型。

08

将剩余的头发以二加一拧绳的手法处理。

09

将二加一拧绳的头发收好并固定，接下来开始进行抽丝。

10

戴上饰品后，用手抽松头发，并拉出发丝，令造型更加饱满、灵动。注意喷发胶定型。

11

抽出前区的一缕头发，用25号电卷棒烫卷，以起到修饰脸形的作用。

12

造型完成效果展示。

● 拧绳技法2（有视频 ▶）

01

将头发分为前、后两区（分区线为右侧耳朵到左侧额角的连接线），然后用鸭嘴夹夹住前区的头发备用。

02

从后区的头发中分出顶区部分，作为造型的中心点。

03

将顶区的头发分为两股，进行交叉拧绳处理。

04

抓紧拧好的头发的末端，抽松头发。

05

将抽松的头发盘于中心点，用发卡固定。

06

将顶区右侧的头发用拧绳的手法经过中心点下方向中心点左侧固定，边拧绳边抽松头发。

07

提拉顶区左侧的头发，用拧绳的手法经过中心点上方向中心点右侧固定，边拧绳边抽松头发。

08

将拧绳下发卡固定在中心点右侧，注意衔接。

09

将下区的头发围绕中心点的外围轮廓向左前区拧绳，边拧绳边添加头发，进行二加一拧绳。

10

继续边拧绳边添加头发，至前区顶部的位置。

11

将处理好的头发下发卡固定在顶区的位置。

12

将前区的头发分为前、后两部分。

13

将前面一部分头发用鸭嘴夹暂时固定，从后面一部分头发的顶部分出两片。

14

将后面一部分头发围绕中心点进行二加一拧绳处理。将拧好的头发固定在中心点的左后方。

15

将前面一部分头发也进行二加一拧绳处理。

16

抽松拧好的头发，让造型轮廓更加饱满。将拧绳固定在中心点下方。

17

戴上饰品，让造型更灵动。

手推波技法

手推波技法是复古造型中经常会用到的技法，它的风格鲜明，特别具有年代感。做手推波前，烫发非常关键，每片发片都要垂直受热，并用鸭嘴夹固定，待冷却后才可取下鸭嘴夹。进行手推波时应始终保持头发表面的光滑度，通过手指和尖尾梳的配合推出流畅的波纹。

01

将头发分成前、后两区，然后将前区的头发再进行三七分区。

02

用22号电卷棒以内卷的方法烫卷前区左右两边的头发。

03

将所有头发分片烫卷。每烫卷一片头发都必须用鸭嘴夹固定。

04

后区的头发也要以分片的方式一层一层往下烫卷，并用鸭嘴夹固定。

05

取下鸭嘴夹后将柔亮胶均匀地涂抹在头发上，抚平毛糙的碎发。

06

用手抓住前区的头发，配合尖尾梳打造波纹的第一个弧度，并用鸭嘴夹固定。注意第一个鸭嘴夹的方向。

07

按住第一个弧度，借助尖尾梳的力量向后推出第二个弧度。

08

用鸭嘴夹固定好第二个弧度后，再用尖尾梳推出第三个弧度。

09

将发胶均匀地喷于头发上，使弧度定型。

10

将后区的头发分成左、右两部分，然后用气垫梳将头发往内梳顺。

11

用鸭嘴夹固定头发的根部，并将剩余的头发向内卷。

12

将内扣的头发用鸭嘴夹固定，并喷发胶定型。注意内扣头发与前区头发的衔接。

13

将前区左侧的头发用尖尾梳向上梳顺。

14

将梳顺的头发用鸭嘴夹在根部固定，注意头发的走向。

15

将剩余的头发向内缠绕于手指上，形成一个卷筒。

16

使卷筒靠近发根，用鸭嘴夹固定。

17

将后区头发的根部用鸭嘴夹固定，将发尾向内缠绕于手指上，卷成卷筒。

18

用鸭嘴夹把卷筒固定在发根处，喷发胶定型。注意卷筒与右侧头发的衔接。

19

取下左侧的鸭嘴夹，下暗卡固定。

20

取下后区的鸭嘴夹，下暗卡固定。

21

取下右侧的鸭嘴夹，下暗卡固定。

22

手推波造型完成。背面的线条和弧度尤为重要。

3

BRIDE
SHORT HAIR

短发新娘造型

本章主要学习内容

- ⊙ 端庄温婉短发造型
- ⊙ 高贵浪漫短发造型
- ⊙ 经典复古短发造型
- ⊙ 浪漫灵动短发造型
- ⊙ 清纯甜美短发造型
- ⊙ 优雅气质短发造型

新娘妆容学习要点

很多短发新娘都会担心自己的头发太短，做出来的造型不好看。其实只要造型技法运用得当，短发同样可以打造出完美的造型。如选择合适型号的电卷棒烫发，通过编发、拧绳等技法收拢碎发，或者通过倒梳技法连接发丝，增加发量等，这些方法都可以让短发新娘的造型艳压全场。

端庄温婉短发造型

造型技法：① 烫卷，② 倒梳，③ 拧包，④ 二加一拧绳，⑤ 抽丝。

造型工具：① 高低齿尖尾梳，② 22号电卷棒，③ 一字卡，④ 发蜡棒，⑤ 干胶。

造型要点：将头发倒梳后，一定要将表层梳顺，从而使其没有倒梳过的痕迹。拧包的大小和高度要适中，拧绳的手法可以先紧后松，最后轻轻拉松头发，令造型轮廓更加饱满。抽发丝时应注意整体轮廓的协调性。

01

将所有头发烫卷。先分出顶区的头发，并进行倒梳。

02

将顶区倒梳后的头发表面梳顺，然后抓住发尾向后区中心点拧转，并向上推出一个发包，下发卡固定。

03

将右侧区的头发用二加一拧绳手法向后区中心点固定。

04

将剩余的头发以同样的手法拧向后区中心点并固定。

05

拉出头发的线条感，并喷发胶定型。

06

同样用二加一拧绳手法将刘海区和左侧区的头发向后区中心点收拢。

07

将剩余的所有头发收拢好后，下发卡固定在合适的位置。

08

根据头发的走向，抽出发丝的线条与层次，喷发胶定型。

09

抽发丝的要点是注意头发走向，抽出松散状态，不可毛糙。

10

调整好整个发型的轮廓后就可以佩戴饰品了。

高贵浪漫短发造型

造型技法：① 烫卷，② 拧绳，③ 倒梳，④ 单卷，⑤ 抽丝。

造型工具：① 尖尾梳，② 22号电卷棒，③ 一字卡，④ 鸭嘴夹，⑤ 发蜡棒，⑥ 干胶。

造型要点：倒梳要扎实，这样才能很好地连接碎发。操作时手法要略紧，固定好整个造型后才可以抽丝。这款造型的抽丝极为关键，要抽出层次感和灵动感。

01

分出顶区的头发。

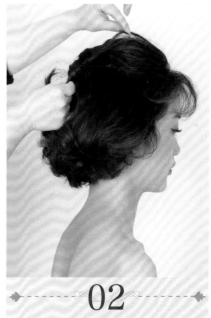

02

将顶区的头发拧转后拉松，使顶区的头发饱满蓬松，然后在顶区下发卡固定好发尾，作为发型的中心点。

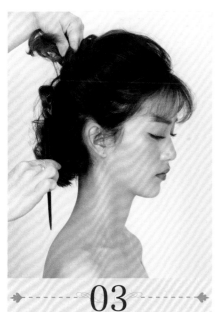

03

从耳后向顶区的中心点分出侧区的头发。

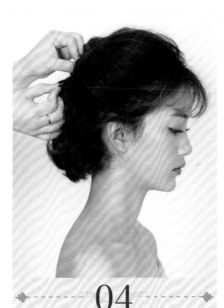

04

将侧区的头发拧转后固定在顶区中心点的位置。

05

侧区的头发如果比较碎，可以进行倒梳，使头发相连接。

06

如果侧区的头发太短,部分头发无法到达顶中心点,可以先使用鸭嘴夹固定。

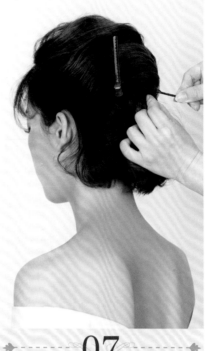

07

用发卡将侧区的头发固定好后喷发胶定型,待发胶干后头发便固定好了,即可取下鸭嘴夹。

08

将剩余的头发都进行倒梳处理。

09

梳顺表层的头发,向顶区中心点收拢。

10

将剩余的头发用拧转的手法收拢,用发卡固定。

11

固定好整体发型后,用抽丝的手法将发丝抽松,制造自然蓬松的感觉。抽丝时一定要掌控好整个发型的外轮廓。

经典复古短发造型

造型技法： ① 烫卷，② 卷筒。

造型工具： ① 25号电卷棒，② 一字卡，③ 鸭嘴夹，④ 柔亮胶，⑤ 干胶。

造型要点： 此款造型的打造重点在于烫发技巧，要先确定所做的造型轮廓，然后才能决定用什么方式烫发。

01

将刘海区的头发分成两部分，然后用25号电卷棒向内烫卷，并用鸭嘴夹固定。

02

烫卷侧区的头发，注意手势和电卷棒的方向。

03

将后区的头发纵向分片，向内烫卷。

04

取下鸭嘴夹后，用尖尾梳辅助把刘海区的头发梳在一起，摆出漂亮的弧形。

05

将右侧区卷好的头发顺势摆出一个卷筒，下发卡固定。

06

梳顺左侧区的头发。

07

用鸭嘴夹固定梳好的头发靠近根部的位置，喷发胶定型。

08

用手调整好左侧区的头发。

09

用鸭嘴夹固定好左侧区的头发。

10

将后区的头发按照卷好的弧度用鸭嘴夹固定，喷发胶定型。

浪漫灵动短发造型

造型技法： ① 烫卷，② 二加一拧绳，③ 抽丝。

造型工具： ① 22号电卷棒，② 一字卡，③ 发蜡棒，④ 干胶。

造型要点： 在拧发际线处的头发时，手法应紧些，待固定好轮廓后方可拉松头发和抽丝。对于这种较短的头发，也可以进行分段式拧绳。注意隐藏好发卡。

01

将所有头发烫卷。将刘海区右侧的头发用二加一拧绳的手法处理，将发际线处的头发收干净。

02

若头发太短，无法一次性把头发都拧进拧绳里，可以将头发分成几个部分操作。

03

后发际线附近的头发较短，可以分出几个部分，分别进行拧绳。

04

最底部的头发应往下拧绳，手法要紧。将拧绳下发卡固定在发际线处，隐藏发卡。

05

将拧好的头发轻轻拉松，适当抽丝，喷发胶定型。

06

将后区的头发随意分出两股，进行拧绳，手法可以略松些。

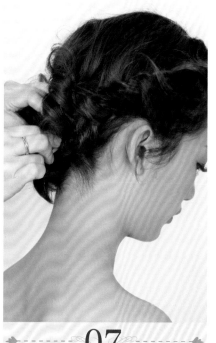

07

将拧好的头发下发卡固定在后发际线处。

08

一些较短的碎发都可以用拧绳的手法收拢。

09

将后区的头发拧绳时，一定要根据头发的走向进行。

10

将拧绳下发卡固定，要注意衔接。

11

拉松后区的头发，将其抓出线条感。

12

另一侧也以同样的手法进行拧绳。

13

边拧绳边抽出发丝。

14

将左侧区所有头发都拧进拧绳里。

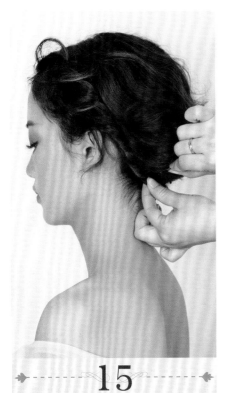

15

将发梢隐藏在头发后面。

16

整理出发丝的层次，同时喷发胶定型。

17

造型完成。

清纯甜美短发造型

造型技法： ① 烫卷，② 两股拧绳，③ 二加一拧绳，④ 抽丝。

造型工具： ① 22号电卷棒，② 一字卡，③ 干胶。

造型要点： 短发最难收拢的就是后发际线附近的头发，那里的头发最短，所以最好使用22号或22号以下的电卷棒把它们往上烫卷，以便于收拢。注意每层头发之间的衔接，如果空隙太大，可用U形卡拉近两层头发的距离，使造型饱满、有层次。

01

模特为齐耳短发。

02

用22号或22号以下的电卷棒把后发际线附近最短的头发向外烫卷。

03

将其余头发都向内烫卷。

04

将顶区的头发分为前、后两部分。

05

将后面一部分头发分成两股，进行拧绳处理。

06

边拧绳边抽松头发，然后下发卡固定，成为一个中心点。

07

在中心点的右侧取一缕头发，围绕中心点进行拧绳。

08

边拧绳边抽松头发。

09

由于头发较短，所以需要采用二加一拧绳的手法，把短发加进拧绳中。

10

拧绳至中心点左侧，下发卡固定。

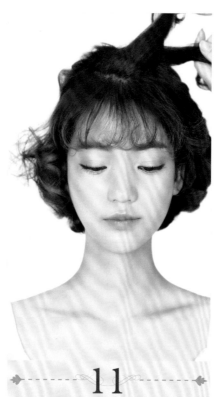

11

将之前分出的前面一部分头发分为两股。

12

用二加一拧绳的手法拧至中心点附近，下发卡固定。

13

用同样的手法将两侧区较碎的头发收拢到拧绳中。

14

拧绳的手法要松紧适中。

15

将后发际线附近的头发用同样的手法边拧绳边收拢。

16

收最底层的头发时，手法一定要紧。

17

下发卡固定，注意要隐藏好发卡。

18

对头发进行拉松、抽丝，使造型更加饱满、有层次。喷发胶定型。

优雅气质短发造型

造型技法： ① 烫卷，② 手摆波纹。

造型工具： ① 22号电卷棒，② 尖尾梳，③ 一字卡，④ 鸭嘴夹，⑤ 干胶。

造型要点： 整个造型的重点在于外轮廓的形状和走向。用22号电卷棒将头发一层一层地向内烫卷。整个造型按卷发的走向梳理而成，注重流畅性。发胶应少喷，要保持头发的蓬松感和轻盈感。

01

将所有头发烫卷。用手和尖尾梳配合推出刘海的弧度。

02

将右侧区的头发外翻，用尖尾梳梳出一个外翻的造型。

03

将调整好的头发下发发卡固定。

04

用鸭嘴夹固定好后区的头发的根部，将发尾摆出弧度。

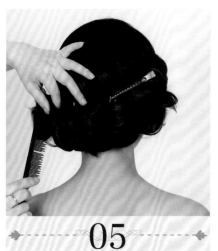

05

根据头发的卷度，用尖尾梳将其梳出流畅的弧度。

06

将左侧区的头发向后梳顺。

07

用鸭嘴夹夹住头发根部，确定好内轮廓的头发走向。

08

将左侧区的头发的尾部也向外翻，和后区的头发相衔接。

09

整理好发型的弧度和线条后，喷发胶定型，再抽掉鸭嘴夹。

4

BRIDE
WEDDING DRESS
白纱新娘造型

本章主要学习内容

⊙ 高贵大气白纱造型　　⊙ 简约经典白纱造型　　⊙ 浪漫田园白纱造型

⊙ 俏皮复古白纱造型　　⊙ 轻盈灵动白纱造型　　⊙ 清新甜美白纱造型

⊙ 田园优美白纱造型　　⊙ 优雅复古白纱造型　　⊙ 端庄温婉白纱造型

⊙ 自然唯美白纱造型

新娘妆容学习要点

白纱色彩单一，但妆容与造型的变化却非常多。结婚当天的新娘白纱妆容一般不要处理得过于浓艳，造型也不可太过夸张。白纱给人的感觉是浪漫纯洁的，具体风格有高贵大气、简约经典、浪漫田园、俏皮复古、轻盈灵动、清新甜美、田园优美、优雅复古、端庄温婉、自然唯美等。每一种风格都有其各自的特点，在操作的时候可以根据新娘自身的特点加以选择。

高贵大气白纱造型

造型技法： ① 烫卷，② 倒梳，③ 拧包，④ 卷筒，⑤ 拧绳。

造型工具： ① 22号电卷棒，② 尖尾梳，③ 一字卡，④ 柔亮胶，⑤ 干胶。

造型要点： 为了体现高贵的气质，额头上方的造型内轮廓应向上打造。注意对刘海弧度的把控。

01

将所有头发烫卷。将前区的头发按照1：9的比例分成左、右两区。

02

将右侧区的头发向上翻转，注意手势。

03

抓住头发的中间位置，边拧边向前推出一个弧形，然后用发卡固定。

04

用尖尾梳梳顺发尾的头发，以备与后区的头发衔接。

05

从顶区开始，将头发一层一层倒梳。

06

梳顺头发表面。

07

用拧包的手法将倒梳后的头发固定在枕骨下方，形成一个中心点。

08

梳顺拧包后留下的发尾。

09

将发尾用单卷的手法固定在中心点的位置。

10

将左侧区的头发用二加一拧绳的手法向中心点收拢。

11

将左侧区和后区的头发收拢到中心点右侧，下发卡固定。

12

将之前留出的右侧刘海的发尾用拧绳的手法收拢到中心点，下发卡固定。

扫一扫，关注我的婚礼化妆师公众号

喜结网
likewed.com

MORE

简约经典白纱造型（有视频 ▶）

造型技法： ① 烫卷，② 倒梳，③ 包发，④ 三股反编。

造型工具： ① 25号电卷棒，② 尖尾梳，③ 一字卡，④ 鸭嘴夹，⑤ 发蜡棒，⑥ 干胶。

造型要点： 包发是一种经典的造型，它的轮廓干净流畅，发包高耸饱满，能够完美地诠释新娘本身特有的气质。发包的位置和高度是整个造型的关键。

01

将耳朵以下的头发烫卷。将头发分为前区和后区两部分。

02

将后区的头发再分成上、下两部分。

03

将后区下部分的头发用橡皮筋扎一条马尾，然后用发蜡棒将碎发收干净。

04

将马尾盘成一个小发髻，作为中心点，并用发卡固定。

05

将后区上部分的头发分片倒梳，增加发量的同时也可以让造型更加饱满。

06

将倒梳好的头发向后收拢，并梳顺头发表面。

07

拧转发尾部分，注意调整好这个发包的高度和形状。

08

将发尾藏在发包中，下发卡固定在中心点上。让发型从侧面看有一个漂亮的弧度。

09

喷发胶定型。注意发胶要距离头发远一些，呈喷雾状喷射。

10

将前区的头发中分，将两边的头发分别围绕发包向后进行三加一反编。

11

将前区的头发都编进发辫之后改为三股反编，将编好的发尾固定在中心点下方。

12

隐藏好发卡，让头发更很好地衔接。发包侧面漂亮的弧度尤为重要。

浪漫田园白纱造型

造型技法： ① 烫卷，② 拧包，③ 抽丝。

造型工具： ① 32号电卷棒，② 鸭嘴夹，③ 一字卡，④ 干胶。

造型要点： 浪漫田园风格的造型非常适合户外婚礼，可以通过抽松头发让造型呈现自然随意之感，并用鲜花进行装点，凸显新娘浪漫的气质。

01

将所有头发烫卷，分出如图所示的三个区域，分别用鸭嘴夹固定好。

02

将第三个区域的头发进行拧转。

03

用手抽松拧绳的头发，下发卡固定。

04

以相同的方向拧转第二个区域的头发。

05

将拧绳下发卡固定，注意下发卡的位置。

06

将第二个区域拧转的头发固定后进行抽丝。

07

将第一个区域的头发反方向拧转。

08

拉松拧转的头发，下发卡固定在第三个区域的位置。

09

用32号电卷棒将剩余的头发向同一方向烫卷。

10

调整好卷发后即可佩戴鲜花，造型完成。接下来通过两个步骤快速演变出另一个造型。

11

接步骤09。将剩余的头发分为两部分，然后将其中一部分向另一侧做一个单卷即可。

12

将所有垂下的头发放置从左侧于胸前，然后戴上饰品，造型完成。

俏皮复古白纱造型

造型技法： ① 烫卷，② 倒梳，③ 卷筒。

造型工具： ① 25号电卷棒，② 尖尾梳，③ 气垫梳，④ 一字卡，⑤ 鸭嘴夹，⑥ 干胶。

造型要点： 20世纪50年代的复古风格造型给人一种经典怀旧的感觉。若想突出俏皮感，可以添加一些当下流行的元素，如高于眉毛的超短刘海，向上缩起的可爱蛋卷发髻等，这样就可以打造出复古而俏皮的新娘造型。

01

将所有头发烫卷。分出三角形的刘海区。

02

将三角形刘海区的头发分片倒梳。

03

用尖尾梳梳顺表面的头发。

04

将刘海区的头发向内打卷，使其形成一个卷筒。

05

制作出短齐刘海的样式，用发卡固定。

06

将固定好的头发向两边拉，调整出一个弧形。

07

从耳后向头顶分别分出左、右两侧区的头发。

08

将右侧区的头发向上梳顺。

09

将梳顺的头发从发梢向内卷成一个卷筒。

10

将卷好的卷筒用发卡固定在顶区。另一侧区用同样的手法操作。对称的蛋卷头能增加俏皮感。

11

将后区所有头发用气垫梳梳顺。

12

用手抓住头发,改用尖尾梳将头发向内梳。

13

注意左手的手势,必须要按住头发;用右手拿尖尾梳,把发梢的头发向内梳顺,摆成一个漂亮的弧形。

14

用鸭嘴夹固定在枕骨下方,喷发胶定型。待发胶干后取下鸭嘴夹。

轻盈灵动白纱造型

造型技法： ① 烫卷，② 包发，③ 拧包，④ 抽丝。

造型工具： ① 18号电卷棒，② 25号电卷棒，③ 一字卡，④ 干胶。

造型要点： 用小号电卷棒制造出随意飘动的发丝，犹如轻风吹起，给人一种灵动的感觉。

01

将所有头发烫卷。将头发分成上、下两个区。

02

将上区的头发分成两股，进行拧转。

03

抽松拧好的头发，制造蓬松感。

04

下发卡将拧转的头发固定。下发卡前把头发往前推一下，让头发在顶区形成一个弧度。

05

将上区的头发拧转后剩余的发尾收好，下发卡固定。

06

采用包发技法，将下区的头发向上提拉并拧转。

07

将头发拧转至顶区位置，与之前的拧包紧密贴合在一起。

08

下发卡将拧包固定好，将发尾收进拧转的头发里。

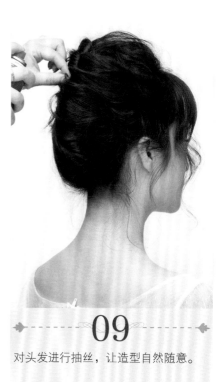

09

对头发进行抽丝，让造型自然随意。

10

用18号电卷棒将内轮廓的发丝向内烫卷。

11

将刘海区的头发用25号电卷棒向内卷，和周边的卷发自然融合在一起。

12

外轮廓的碎发可以用18号电卷棒向外烫卷，其效果像是轻风吹过一般。

清新甜美白纱造型

造型技法： ① 烫卷，② 拧包，③ 拧转，④ 抽丝。

造型工具： ① 25号电卷棒，② 一字卡，③ 干胶。

造型要点： 分段进行拧包、拧绳是为了让造型更饱满。注意每段的摆放位置都是围绕中间的发包进行，手法可略紧些，等基础造型完成之后再用拉松和抽丝技法来调整整个造型。

01

将所有头发烫卷。在顶区取一部分头发，拧转后向前推出一个弧度。

02

将拧转的头发拉松并抽丝。

03

向前推出想要的造型后下发卡固定，形成第一个发包。

04

在枕骨处取一部分头发，与之前剩余的头发拧在一起。

05

将拧转的头发拉松，令造型蓬松、有层次。

06

调整好想要的弧度后下发卡固定，形成第二个发包。

07

在枕骨下方再取一部分头发，与之前剩余的头发拧在一起。

08

拉松拧转的头发后下发卡固定，形成第三个发包。

09

在第二个发包右侧斜向取一部分头发，进行拧转。

10

将拧转的头发拉松后下发卡固定在第二个发包的下发卡处。

11

在下发卡的位置取一部分头发，与之前剩余的头发拧在一起。

12

将拧转的头发拉松后下发卡固定在第三个发包的下发卡处。

13

将右侧区耳上方的头发拧转至第二个
发包下发卡处的水平位置上。

14

将右侧剩余的头发拧至第三个发包下
发卡的位置。

15

拉松拧转的头发后下发卡固定。

16

在第二个发包的左侧斜向取一部分头
发，拧绳并拉松，下发卡固定在第二
个发包的下发卡处。

17

将剩余的头发再一次拧转，下发卡固
定在第三个发包的下发卡处。

18

将左侧区剩余的头发进行拧转。

19

边拧转边拉松头发，拧至第三个发包下发卡处固定。

20

拧转左侧剩余的头发，下发卡固定。

21

拧转右侧剩余的头发，交叉固定在前一个下发卡处。

22

将最后一缕头发向上收拢。

23

整个造型做好后，要进行最后的抽丝调整，边抽丝边喷发胶定型。

24

抽丝调整后的造型饱满而富有层次感。

田园优美白纱造型

造型技法： ① 烫卷，② 拧绳，③ 三股编发，④ 抽丝。

造型工具： ① 28号电卷棒，② 柔亮胶，③ 干胶。

造型要点： 拧绳及编发时手法一定要松紧有度，抽出的发丝可以增加造型的体积，也可以令造型灵动而富有层次感。

01

将所有头发进行烫卷处理。在刘海区分出两股头发，进行拧绳。

02

在刘海右侧加入一片头发，继续拧绳，手法一定要松。

03

边拧绳边拉松头发，增加造型体积。

04

拧至枕骨偏左的位置，下发卡固定。

05

在左侧区分出两股头发，进行拧绳。

06

边拧绳边拉松头发，增加造型体积。

07

将头发拧至枕骨偏右的位置，下发卡固定。

08

用同样的技法将两侧的头发进行拧绳。

09

拧好耳后一缕头发后，拧绳处理结束。

10

将发际线附近剩余的头发分成三股，进行三股编发。

11

编好后要拉松发辫，以增加造型的体积。最后抽出发丝。

12

待造型完成之后，再用抽丝的手法调整顶区的头发，令整体造型蓬松自然。

优雅复古白纱造型

造型技法： ① 烫发，② 手摆波纹。

造型工具： ① 22号电卷棒，② 鸭嘴夹，③ 气垫梳，④ 尖尾梳，⑤ 干胶。

造型要点： 手摆波纹造型对烫发要求非常高，整个造型都要通过烫卷的弧度来摆出想要的造型。应将发片垂直烫卷，使发根直立，增加蓬松感。

01

将头发分为前、后两区，然后以内卷的方法烫发。烫一片用鸭嘴夹夹一片，这样可以使发根直立，卷度持久。

02

每层分片的头发都必须呈水平状态。

03

取下鸭嘴夹后，将烫好的前区的头发用气垫梳向后梳理，使前区的头发更加蓬松。

04

用左手抓住头发中间的位置，用右手拿气垫梳将头发向下梳理，这样可以保持原来的卷度不被梳散。

05

用左手抓住刘海区的头发，利用食指和拇指配合气垫梳在刘海区推出优美的弧度。

06

把左手移到头发中间靠下的位置，改用尖尾梳继续梳出下一个弧度。

07

用手将头发摆出之前梳好的弧度，喷发胶定型。

08

将后区和另一侧区的头发仍然利用手和气垫梳向内梳出好看的弧度。

09

梳好之后用手摆出自然漂亮的侧区弧度，然后喷发胶定型。

端庄温婉白纱造型

造型技法： ① 烫发，② 卷筒。

造型工具： ① 25号电卷棒，② 气垫梳，③ 柔亮胶，④ 发蜡棒，⑤ 一字卡，⑥ 干胶。

造型要点： 光滑、柔顺是这个造型的重点，所以在做造型之前一定要均匀地抹上柔亮胶，并用气垫梳把头发梳顺。

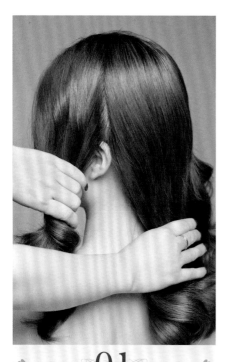

01

将所有头发进行烫卷处理。从左耳后方将左侧的头发分成前、后两个区。

02

用发蜡棒涂抹头发，抚平毛糙的碎发，令头发光滑。

03

用单卷的手法将头发向后方卷。

04

如果头发纹路较杂乱，可以用尖尾梳梳顺表面，令发丝流畅。

05

将卷好的头发调整好形状后，下发卡固定在枕骨下方。

06

从右耳后方将右侧的头发分成前、后两个区。

07

将前区的头发用发蜡棒涂抹后，翻转至后方。

08

将右侧的头发和左侧卷好的头发交叉固定。

09

用尖尾梳将这缕头发固定后剩余的部分梳顺。

10

将梳顺的头发做成一个卷筒，下发卡固定。

11

将尾部剩余的头发用尖尾梳轻轻梳出纹路。

12

喷发胶定型，令头发有光泽。注意发胶不可过多。

自然唯美白纱造型

造型技法： ① 烫卷，② 倒梳，③ 包发。

造型工具： ① 25号电卷棒，② 尖尾梳，③ 一字卡，④ 鸭嘴夹，⑤ 干胶。

造型要点： 看似简单的高马尾呈现出一种自然大方的气质，倒梳和包发技法的运用使马尾与众不同。顶区的蓬松度和马尾的卷翘弧度是整个造型的关键。

01

将所有头发进行烫卷处理。将头发从前区开始分片进行倒梳。

02

一直向后倒梳到顶区，使整个前区造型饱满。

03

梳顺头发表面。

04

从右侧区取一片头发。

05

将右侧区的这片头发从耳朵上方向上包向左侧。

06

下发卡固定在左侧耳朵上方。

07

从左侧区同样取一片头发，向上包向右侧。

08

拧转发尾至右耳上方。

09

下发卡固定，注意隐藏好发卡。

10

用尖尾梳的尖尾挑高顶区的头发，让整个造型更加饱满。

11

下鸭嘴夹固定挑高的头发，喷发胶定型。

12

取下鸭嘴夹，用手调整头发的走向。

5

BRIDE
WESTERN STYLE

西式礼服新娘造型

本章主要学习内容

⊙ 端庄大方西式礼服造型　　⊙ 复古温婉西式礼服造型　　⊙ 简约经典西式礼服造型

⊙ 经典复古西式礼服造型　　⊙ 俏皮可爱西式礼服造型　　⊙ 甜美清新西式礼服造型

⊙ 优雅唯美西式礼服造型

新娘妆容学习要点

西式礼服在款式和色彩上更多样化，每一种款式和颜色都代表着不同的风格。西式礼服最能体现女性的婀娜多姿，所表达的风格也极为鲜明，能凸显新娘的魅力和韵味。对于新娘跟妆师来说，所掌握造型的数量与经验积累非常重要。有了足够的储备，在与新娘沟通的时候便能更好地了解其需求，并根据新娘的气质和选择的礼服款式为她们设计最合适的造型。

端庄大方西式礼服造型 （有视频 ▶）

造型技法： ① 烫卷，② 卷筒，③ 三股编发。

造型工具： ① 22号电卷棒，② 橡皮筋，③ 一字卡，④ 干胶。

造型要点： 此款造型要通过烫卷的头发线条来摆放造型，烫发的方向可以向内也可以向外，但要交错进行，这样可以使造型更饱满，更有层次。此款造型非常适合发量稀少、发色较深的新娘。

01

将头发以耳朵顶端的水平延长线为分界线横向分为上、下两区。

02

将下区的头发分成三股。

03

以三股编发的手法将头发收拢成一个发髻。

04

下发卡固定发髻，作为整个造型的中心点。

05

在上区横向分出发片，然后将发片竖向分为几缕，用22号电卷棒从中间开始向两边进行外翻烫卷。

06

将烫卷后的头发一缕缕地固定在中心点的发髻上。

07

注意每缕头发的摆放位置，让几缕头发呈现整齐有序的摆放关系。

08

在上区再横向分出第二片发片，然后采用同样的方法烫卷。

09

将最后一片头发也从中间开始向两边进行外翻烫卷。

10

将所有烫卷后的头发穿插摆放在发流之间。注意摆放顺序，整个造型应该饱满有序。

11

戴上发饰，完成造型。

复古温婉西式礼服造型

造型技法: ① 烫卷, ② 手推波纹。

造型工具: ① 22号电卷棒, ② 发蜡, ③ 尖尾梳, ④ 鸭嘴夹, ⑤ 一字卡, ⑥ 干胶。

造型要点: 手推波纹和手摆波纹的区别在于, 一个用推的手法, 一个用摆的手法。推出来的波浪紧实伏贴, 波浪走向明显。注意波浪应与头部轮廓贴合, 不可翘起。可以用U形卡或一字卡将其固定。

01

将所有头发进行烫卷处理。将前区刘海一九分区，并抹上发蜡，这样更容易造型。

02

按住刘海区的头发，用尖尾梳往下推一个弧度，作为刘海区的第一个波纹。

03

用鸭嘴夹夹住推好的第一个波纹后，用尖尾梳向上推出第二个波纹。

04

用鸭嘴夹固定好第二个波纹后，用手压住第二个波纹的位置，准备推下一个波纹。

05

用尖尾梳向下推出第三个波纹。

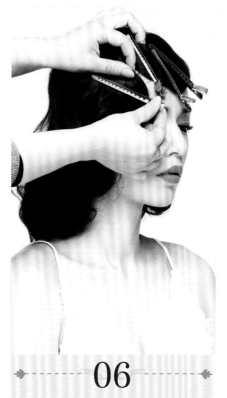

06

用鸭嘴夹固定推好的第三个波纹。

07

继续用手指和尖尾梳一起向下推出第四个波纹。

08

用手按住第四个波纹的位置，摆出第五个波纹。

09

用鸭嘴夹固定好摆出的第五个波纹。

10

将剩余的头发向内卷并用鸭嘴夹固定。喷发胶定型。

11

将另一侧区的头发用尖尾梳梳顺后，用手摆出想要的弧度。喷发胶定型。

12

待发胶干后取下鸭嘴夹，下暗卡固定。

简约经典西式礼服造型

造型技法： ① 烫卷，② 倒梳，③ 包发，④ 抽丝。

造型工具： ① 22号电卷棒，② 尖尾梳，③ 一字卡，④ 干胶。

造型要点： 搭配西式礼服的包发造型可以做得松散灵动些，这样能使新娘更加具有亲和力。抽丝要做到乱而有序，不可出现毛糙感。

01

将所有头发进行烫卷处理，分为前、后两个区。

02

将后区的头发分为上、下两部分。

03

将下面的一部分头发扎一条紧马尾。

04

把马尾收成一个发髻，固定在皮筋处，形成一个基底。

05

将后区上面的一部分头发倒梳，增加发量。

06

梳顺表面的头发。

07

拧转发尾，使其形成一个饱满的发包。

08

在前区顶部取出一片头发，进行倒梳。

09

梳顺表面的头发，然后松松地收拢到发包根部，以便于最后的抽丝。

10

将前区两侧的头发松松地拉向发包根部并固定。

11

固定好整个发型之后，就可以进行抽丝了。边抽丝边喷发胶定型。

12

抽松发丝可以使整个造型更加生动。造型完成。

经典复古西式礼服造型

造型技法：① 烫卷，② 手摆波纹。

造型工具：① 25号电卷棒，② 鸭嘴夹，③ 气垫梳，④ 柔亮胶，⑤ 发蜡棒，⑥ 干胶。

造型要点：打造复古大波浪造型时，对于电卷棒型号的选择尤为重要。头发较长、发质偏硬的应选择25号或者25号以上的大中号电卷棒；而发质偏软、发量偏少的，应该选择22~25号的中型电卷棒。大波浪的波纹走向应流畅自然，整体造型应蓬松有形。

01

将头发分为前、后两个区，然后用25号电卷棒将头发一层一层向内卷，并用鸭嘴夹固定。

02

将头发全部烫卷后取下鸭嘴夹。

03

用气垫梳将后区的头发向下梳顺。

04

梳顺头发后，按照卷发的弧度，下鸭嘴夹固定出第一个波浪。

05

固定好第一个波浪后，用鸭嘴夹再固定出第二个波浪。

06

用气垫梳将剩余的头发按其卷度梳出最后一个波浪。

07

将最后一个波浪下鸭嘴夹固定。

08

喷发胶定型。

09

将前区的头发二八分开，然后在右侧区用手配合尖尾梳梳出一个流畅的弧度。

10

调整好想要的弧度后用鸭嘴夹固定。

11

将左侧头发的碎发用发蜡棒收干净。

12

用尖尾梳将头发向上以45°角梳出流向。

13

下鸭嘴夹固定好第一个发流的走向。

14

用气垫梳将余下的头发梳出和后区的头发相同的流向，用鸭嘴夹固定，喷发胶定型。

15

待发胶干后即可取下鸭嘴夹，大波浪造型完成。

16

如果要打造单侧区大波浪造型，使用的手法是相同的。根据发流梳出光滑流畅的大卷后用鸭嘴夹固定，喷发胶定型，待发胶干后取下鸭嘴夹即可。

俏皮可爱西式礼服造型

造型技法：① 烫发，② 拧绳，③ 抽丝。

造型工具：① 22号电卷棒，② 尖尾梳，③ 发蜡棒，④ 一字卡，⑤ 干胶。

造型要点：刘海区的造型不可过紧，可以通过拉松头发来增加体积。刘海区的头发和顶区的发髻要自然衔接好。发际线边缘的碎发要收干净，令整个造型干净利落。

01

将所有头发进行烫卷处理。分出刘海区。

02

将刘海区的头发分成两股，进行拧绳。

03

拉松拧好的头发，使其体积变大。

04

将拧好的头发固定在额前。

05

从耳后向头顶分出顶区。

06

拧转顶区的头发并将其拉松。

07

将拧转好的头发与刘海区的头发相结合，增大刘海区造型的体积。

08

将后区剩余的头发在顶区的后方扎一条马尾，用发蜡棒将碎发收干净。

09

将马尾拧转后盘于顶部，与刘海区的造型相连接。将发包拉松并调整头发的线条。

甜美清新西式礼服造型

造型技法： ① 烫卷，② 卷筒，③ 三股编发，④ 抽丝。

造型工具： ① 25号电卷棒，② 一字卡，③ 干胶。

造型要点： 烫发方向要统一，卷筒和卷筒之间的位置要紧凑有序，使整个造型看起来具有层次感。

01

用25号电卷棒外翻烫卷头发，然后从后区右侧开始，按照卷发的弧度向外翻卷，做出一个单卷。

02

继续将后区的头发依次向外翻卷，做出单卷。

03

注意每一个单卷摆放的位置必须是紧凑且有规律的。

04

将后区的单卷固定在同一水平线上。

05

将后区剩下的头发用同样的手法收拢。

06

注意每一个单卷的弧度和线条必须是流畅的。

07

将右侧区的头发向外翻转，与后区的
发流自然衔接。

08

在左侧区取出一缕头发。

09

将这缕头发编成三股辫。

10

将编好的三股辫从头顶绕至右侧区。

11

将三股辫拉松并抽丝，下发卡固定。

12

采用拧绳的技法收拢左侧区剩余的头
发，造型完成。

优雅唯美西式礼服造型

造型技法：① 烫卷，② 倒梳，③ 拧包，④ 卷筒，⑤ 抽丝，⑥ 拧绳。

造型工具：① 25号电卷棒，② 一字卡，③ 干胶。

造型要点：卷筒应围绕中心点摆放得紧凑有序，使外轮廓饱满有形。抽出的发丝呈清晰的线条状，以制造灵动随意的感觉。

01

将所有头发进行烫卷处理。以V字形分出顶区的头发。

02

将顶区的头发分片进行倒梳。

03

将倒梳好的头发表面梳顺，然后用拧包的技法固定在枕骨处。

04

用连环卷的手法做出第一个卷筒，然后下发卡固定在枕骨处。

05

将固定后的发尾围绕第一个卷筒的位置做出第二个卷筒。

06

将剩下的发尾做出连环卷的第三个卷筒，收尾，形成一个中心点。

07

在右侧区纵向分出一缕头发。

08

以连环卷的手法做出第一个卷筒，在中心点右侧固定。

09

将固定后的发尾紧紧绕着中心点做出连环卷的第二个卷筒。

10

将剩下的发尾围绕中心点做出连环卷的第三个卷筒，收尾。

11

在左侧区纵向分出一缕头发。

12

围绕中心点做连环卷，下发卡固定，然后抽松顶区的头发。

13

以耳后为分界点，分出左区、右区和前区的头发备用。

14

将右后侧区剩下的头发围绕中心点固定出一个卷筒，然后拉松头发。

15

将左后侧区的头发也用连环卷的手法处理，围绕中心点做出饱满的卷筒。

16

继续将后区的头发做卷筒。固定所有卷筒时下发卡的位置都必须是紧凑的，相互连接的。

17

衔接好每一个卷筒，注意整个造型的外轮廓要饱满有形。

18

在后发区留出底部的两缕头发，边拧绳边拉松。

19

将拧绳的头发经过左侧拉至顶区并固定。

20

用同样的手法将后区的另一缕头发拧绳。

21

将拧绳的头发经过右侧拉至顶区并固定，注意调整好位置。

22

采用二加一拧绳的手法收拢右前区的头发。

23

将拧绳缠绕在造型轮廓的最外围。

24

边拧绳边拉松头发。

25

将拧好的头发调整到最佳位置，下发卡固定。

26

采用拧绳的手法将左前区的头发全部收拢。

27

边拧绳边拉松头发，抽出发丝。

28

抽出每个卷筒的发丝，制造出随意、蓬松的效果。

29

调整好造型侧面的饱满度。

30

调整好整个造型轮廓后即可佩戴饰品。

6

BRIDE
CHINESE STYLE

中式礼服新娘造型

本章主要学习内容

⊙ 成熟知性中式礼服造型 ⊙ 端庄高贵中式礼服造型 ⊙ 唯美恬静中式礼服造型

⊙ 温婉优雅中式礼服造型

新娘妆容学习要点

中式传统礼服传承了中国传统婚嫁习俗，也是很多新娘会选择的服装。中式新娘的礼服一般分为龙凤褂、秀禾服、旗袍等几种类型。龙凤褂、秀禾服通常会作为迎亲服装，而旗袍则适合用来作为送宾服或敬酒服。在打造中式新娘造型时，要在尊重传统的同时有所创新。每一种中式造型的形式感都比较明确，应在保留一定古典韵味的同时体现时代特色，这样才更容易被人接受和认可。

成熟知性中式礼服造型

造型技法：① 烫卷，② 手摆波纹，③ 卷筒。

造型工具：① 22号电卷棒，② 柔亮胶，③ 尖尾梳，④ 鸭嘴夹，⑤ 一字卡，⑥ 干胶。

造型要点：整体造型要光滑流畅，同时要把握好外轮廓的形状。

01

将所有头发进行烫卷处理。以两耳经过头顶的连接线为分界线，将头发分为前、后两个区。

02

将前区的头发二八分开，然后进行刘海的造型。

03

用手和尖尾梳配合推出第一个波纹，用鸭嘴夹固定。

04

用同样的手法推出第二个波浪，用鸭嘴夹固定，喷发胶定型。

05

前区另一侧先用鸭嘴夹固定好内轮廓的头发。

06

推出一个波纹后用鸭嘴夹固定，喷发胶定型。

07

后区的头发先用发卡固定出需要造型的位置。

08

注意下发卡的位置。

09

从后区左侧取一片头发，向内翻卷。

10

将翻卷的头发向斜上方调整好弧度，下发卡固定，形成第一个卷筒。

11

从后区取出第二片头发，向内翻卷，先做出一个单卷。

12

将发尾以卷筒的手法收到适当的位置并固定。

13

将最后一片头发同样向内翻卷，向斜上方做出一个卷筒。

14

调整好卷筒的位置后下发卡固定。

15

前区的波纹定型之后即可取下鸭嘴夹。然后将前区右侧剩余的发尾向后翻转，做出一个卷筒，下发卡固定。

16

将卷筒与后区已经做好的卷筒衔接好。

17

梳顺剩余的发尾。

18

将发尾以卷筒的方式收到适当的位置并固定。

19

将前区左侧剩余的头发以连环卷的方式与后区的头发相连接，固定在适当的位置。

20

造型完成背面效果展示。

21

造型完成侧面效果展示。注意调整好头发的弧度。

端庄高贵中式礼服造型

造型技法： ① 烫卷，② 手推波纹，③ 倒梳，④ 卷筒。

造型工具： ① 25号电卷棒，② 假发辫，③ 橡皮筋，④ 鸭嘴夹，⑤ 一字卡，⑥ 尖尾梳，⑦ 啫喱，⑧ 干胶。

造型要点： 造型要光滑流畅，两个发包之间要注意衔接，在发量不够的情况下可以用假发辫进行衔接。前区的手推波纹弧度不可过大，只需在外边缘轻轻推出伏贴的小波纹即可。

01

将所有头发进行烫卷处理，然后分为左、右两区及整个后区。

02

将后区的头发聚拢到顶区，然后用发蜡棒将边缘的碎发收干净。

03

用橡皮筋扎成一条高马尾。

04

将马尾分成上、下两部分，注意上部分的头发应略多于下部分的头发。

05

将上部分的头发向内卷成一个卷筒。

06

下发卡固定好卷筒左右两边。

07

用手抓住卷筒左右两边的头发向两侧
拉开，使其形成一个半圆弧度的发包。

08

将马尾下部分的头发向内卷成一个卷筒。

09

下发卡固定好左右两边的头发。

10

用手抓住卷筒左右两边的头发向两侧
拉开，形成一个半圆弧度的发包。

11

注意上下两个发包的边缘要衔接好，下
发卡固定在一起。

12

选择中号假发辫，修饰两个发包边缘的
头发。

13

将假发辫先固定在两个发包两侧的衔接点处。

14

将假发辫右侧的部分绕过中心点固定在左侧。

15

将假发辫左侧的部分从发包下边缘绕到右侧。

16

将假发辫的发尾下发卡固定在右侧，注意与假发辫右侧的部分衔接。

17

把啫喱挤到手心，均匀抹开。

18

把手心上的啫喱均匀涂在前区的头发上，起到定型的作用。

19

用小鸭嘴夹固定好前区右侧的第一缕头发。

20

利用手指和尖尾梳配合向前推出第一个波纹。

21

继续向下推出波纹，边推边用小鸭嘴夹固定。

22

推出最后一个波纹时用大鸭嘴夹固定。喷发胶定型。

23

将耳后剩余的头发用拧绳的手法收起，藏在假发辫的下面。

24

前区另一侧的头发也采用同样的手法处理。待发胶干后取下鸭嘴夹，最后佩戴饰品，造型完成。

唯美恬静中式礼服造型

造型技法： ① 烫卷，② 卷筒。

造型工具： ① 22号电卷棒，② 柔亮胶，③ 尖尾梳，④ 一字卡，⑤ 干胶。

造型要点： 整体造型光滑柔顺，能体现新娘温柔娴静的气质。

01

将耳朵以下的头发进行烫卷处理。沿左耳上方到右前侧额头位置，将头发分为前、后两个区。

02

取一些柔亮胶，用手掌心揉开。

03

将柔亮胶涂抹在头发上，使头发柔顺有光泽。

04

将后区的头发用橡皮筋扎成一条低马尾。

05

将前区的头发向后梳顺。

06

将梳顺的头发拧转并固定在马尾左侧。

07

将固定后剩余的头发向外翻卷，做出一个单卷。

08

将马尾的头发分成左、右两部分，然后将右侧部分的头发向上翻卷，做出一个卷筒。

09

将马尾中左侧部分的头发向右侧翻卷，做出一个卷筒。

10

注意卷筒的摆放位置。造型完成。

温婉优雅中式礼服造型

造型技法： ① 烫卷，② 手推波纹，③ 卷筒。
造型工具： ① 22号电卷棒，② 发蜡，③ 鸭嘴夹，④ 橡皮筋，⑤ 一字卡，⑥ U形卡，⑦ 尖尾梳，⑧ 干胶。
造型要点： 整体造型光滑干净，不能有一丝碎发和毛糙感。

01

将耳朵以下的头发进行烫卷处理，然后分为前区和后区两部分。

02

将后区的头发扎成一条高马尾。

03

挤出纽扣大小的发蜡，用双手掌心均匀搓开。

04

将发蜡涂在前区的头发上，以便于塑型。

05

用尖尾梳向上推出第一个波纹，然后用鸭嘴夹固定。

06

将剩余的头发握于手中，用食指和拇指向下推出第二个波纹。

07

用鸭嘴夹固定好第二个波纹后，再用尖尾梳向上推出第三个波纹。

08

用鸭嘴夹固定好第三个波纹后，用尖尾梳向下推出第四个波纹。

09

向下的两个波纹要盖住额角，可以起到修饰内轮廓的作用。

10

向耳后方推出最后一个向上的波纹，下鸭嘴夹固定好，然后喷发胶定型。

11

从马尾中取出一片头发，将其梳顺。

12

用单卷的手法向上固定好第一个卷筒。

13

将剩下的发尾用同样的手法向内打卷，
形成一个连环卷。

14

固定时，注意卷与卷之间的排列关系。

15

卷与卷之间可以相互交错，不必都朝
向同一个方向。

16

固定时，一定要注意整个发包的饱满
度和弧度。

17

将刘海区剩余的头发与发包自然衔接。
注意调整好整个发包的形状，发包的
形状应是饱满流畅的。

18

取下鸭嘴夹后，用U形卡将两个波纹连
接在一起。